AF234218

AGRICULTURE

L'ATMOSPHÈRE

EST UN

ENGRAIS COMPLET

PRIX : 60 cent.

THIONVILLE, IMPRIMERIE A. GÉRARD.

L'ATMOSPHÈRE

EST UN

ENGRAIS COMPLET

PAR

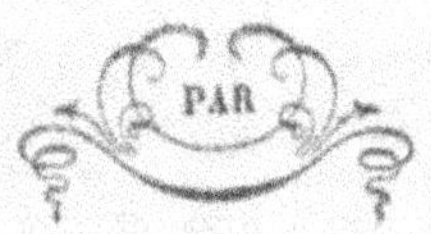

LE DOCTEUR FÉLIX SCHNEIDER.

1863

IMPRIMERIE DE A. GÉRARD
A THIONVILLE.
Août 1863.

I.

PROPOSITION.

— Il faut que la main de l'homme rende au sol *tout* ce qu'elle lui a pris — Telle est l'opinion qui a longtemps prévalu parmi les agronomes et qu'un petit nombre professe encore aujourd'hui.

Il serait inutile de combattre cette doctrine absolue ; le temps en a fait justice. La science a prouvé depuis longtemps que les plantes s'assimilent le carbone, l'oxigène et l'hydrogène répandus dans l'atmosphère. Celui-ci contient, en outre, une proportion considérable d'azote et l'on a reconnu qu'il cède ce principe aux végétaux, soit directement, soit par l'intermédiaire du sol.

Ceci admis, il s'est formé une classe d'agriculteurs, ou plutôt de géologues qui, doués des meilleures intentions, ont espéré simplifier l'art agricole, en remplaçant l'ancienne doctrine par celle-ci : — La main de l'homme n'a besoin de rendre à la terre *que les minéraux* enlevés par les récoltes. —

Cette nouvelle proposition tend à diminuer les labeurs du campagnard, en le dispensant de se préoccuper de la portion organique des engrais. Nous examinerons plus loin en quoi la thèse soutenue par les *minéralistes* est trop absolue : nous démontrerons sans peine que, si les engrais organiques ne sont pas indispensables dans tous les cas, néanmoins leur action est toujours avantageuse. Il nous suffit, pour le moment, d'émettre une assertion rassurante pour l'avenir et qui sera sans doute bien accueillie des agriculteurs-praticiens. C'est la suivante : — L'homme n'a jamais rendu et n'a pas besoin de rendre à la terre la TOTALITÉ *des engrais, soit organiques, soit minéraux* que les récoltes lui ont dérobée. —

Assurément, Dieu a condamné l'homme à vivre à la sueur de son front, en cultivant la terre, mais il ne se borne pas, comme d'aucuns prétendent, à nous faire un prêt ; il fait plus, il nous donne généreusement. Si le Créateur ne secondait pas de la manière la plus active le travail de l'homme, si sa divine prévoyance ne prenait soin de réparer les brèches faites à la richesse terrestre par l'inexpérience et l'ignorance humaines, il y a longtemps que le sol serait radicalement épuisé. Sans le secours de cette providentielle intervention, il y a bien des siècles que le travail de l'homme serait devenu impuissant et que la famine aurait purgé le globe de tous les êtres vivants qui l'habitent.

Loin de nous l'intention de discréditer les savants — on pourrait nous taxer de jalousie — mais il nous semble qu'il leur arrive quelquefois de consulter leur imagination plutôt que les faits que la nature déroule sous leurs yeux. C'est ainsi que la *Réforme agricole* a cru pouvoir jeter le gant aux agriculteurs de tous les pays, en leur tenant ce langage révolutionnaire :

« Que les cultivateurs continuent à subir la théorie des engrais azotés, et cette conséquence fausse et ruineuse qu'on en a déduite, « que toute l'agriculture est dans les engrais et par suite dans une large production de fourrages et de bestiaux, » et d'ici à 50 ou 60 ans la France n'offrira de toutes parts, excepté dans les plaines inondables des grandes vallées, que des terres totalement épuisées ne donnant plus, *à force d'engrais*, que des produits imparfaits, malades, ne présentant qu'à un faible degré la saveur, l'odeur, la couleur et la plupart des qualités essentielles qui leur sont propres. »

Le rédacteur en chef de la *Réforme agricole*, M. Boubée, de regrettable mémoire, avait sans doute beaucoup d'esprit, mais l'esprit de tout le monde était plus grand que le sien. C'était chose bien grave que de dire aux cultivateurs : tous, tant que vous êtes, vous croyez être dans le bon chemin ? Eh bien, vous rampez dans l'ornière ! — Nous respectons certainement les travaux scientifiques, mais nous croyons qu'il y a une excellente raison pour ne pas dédaigner les modestes praticiens, c'est que la plupart des découvertes agricoles leur sont dues. En agriculture, il faut l'avouer, la science ressemble souvent à la cinquième roue du chariot : elle explique les faits quand elle peut, mais là se borne généralement son rôle. D'un autre côté, le praticien s'affranchit à chaque instant des prescriptions théoriques, sans que cette indocilité compromette ses intérêts. Ainsi, la chimie enseigne, balance en main, que 25 kilogrammes d'acide phosphorique sont indispensables pour obtenir 20 hectolitres de blé, en supposant que la terre soit dépourvue de phosphates. Cependant, l'homme des champs, qui n'a pas l'honneur de connaître cette grande dame qu'on nomme la chimie, se contente de fumer sa terre avec l'engrais d'étable qui ne contient guère que 6 à 7 kilogrammes d'acide phosphorique, c'est-à-dire le quart de la quantité prescrite, et il obtient les 20 hectolitres de blé.

Déjà on a découvert que l'atmosphère contient des sulfates et des chlorures inorganiques ; mais comme l'analyse chimique n'est pas encore parvenue à en extraire l'acide phosphorique, on admet que l'acide phosphorique n'y existe pas. Vous verrez qu'un jour on démontrera chimiquement qu'il y est, et l'on découvrira sans doute beaucoup d'autres choses encore.

Les théoriciens raisonnent d'après l'état actuel de la chimie, c'est-à-dire d'une science qui n'a pas encore dit son dernier mot. Au contraire, les praticiens se basent sur les faits : l'aspect d'une belle récolte les séduit plus volontiers que les plus jolis discours. La logique est avec eux. Nous nous rangerons de leur côté, du côté le plus fort, et nous pensons qu'il nous sera permis, sans attaquer les méthodes agricoles sanctionnées par la pratique, de prouver que *l'atmosphère est un engrais complet*, en d'autres termes, que les ressources de la nature sont illimitées et que la Providence supplée à l'imprévoyance des hommes.

II.

DISCUSSION.

La fertilité de la terre est susceptible d'augmentation ou de diminution. Pour demeurer très-fertile, il faut que le sol soit soutenu, il faut qu'il récupère ce qu'il donne. C'est incontestable. Mais que la restitution se fasse directement par la main de l'homme ou par l'intermédiaire des principes atmosphériques, peu importe. Telle était l'opinion des anciens, telle est celle de presque tous les praticiens. Toutefois, tandis que nous voyons de toutes parts des cultivateurs habiles qui donnent de la fertilité à leurs champs, rien que par l'extension des cultures fourragères, d'un autre côté nous entendons des théoriciens prêcher contre le vieux système. M. de Molon, qui croit trouver le salut de l'agriculture dans l'emploi du phosphate de chaux fossile, dit ceci : « Croire que les déchets d'un hectare de prairie peuvent maintenir la fertilité de deux hectares, c'est admettre que *la matière se reproduit incessamment d'elle-même*. Or, si ce fait est vrai pour les prairies, il doit l'être également pour toutes les cultures, et alors pourquoi du fumier ? C'est un luxe inutile. »

Nous ne dirons pas que la matière *se* reproduit, mais il est certain qu'elle *est* reproduite. La terre la moins fertile, mise en herbages, finit par devenir très-féconde. Ceci n'est pas à contester : les faits se laissent discuter, mais ils n'en sont pas moins des faits. La science est perfide, elle tend à égarer ceux qui la prennent pour guide : c'est ainsi que M. de Molon, ne pouvant penser que la matière se reproduit d'elle-même, semble croire qu'elle ne se reproduit pas du tout ; il refuse de reconnaître un phénomène physiologique, parce qu'il ne se l'explique point.

Au contraire, l'obscur praticien se préoccupe moins de commenter les faits que d'en tirer parti. — Un jour nous fîmes la question suivante à un campagnard qui fauchait son pré, un pré sec, entouré de terres maigres et placé dans des conditions qui rendaient toute irrigation impossible :

— Fumez-vous quelquefois ce pré ?

— Jamais, Monsieur. Il y a 40 ans que je le fauche et il n'a reçu aucune sorte d'engrais. Bien mieux, je l'ai une fois rompu et j'en ai tiré successivement quatre belles récoltes à la suite desquelles j'ai rétabli la prairie, sans fumer.

— Mais comment se fait-il que votre terre ne se fatigue pas de produire ?

— Vous ne savez donc pas, Monsieur, que l'air du temps engraisse les herbes ?

— C'est fort bien. Cependant, expliquez-moi pourquoi *l'air du temps* ne suffit pas pour engraisser vos champs de blé.

— Pour ça, Monsieur, consultez le bon Dieu. Il est plus savant que vous et moi, et ce qu'il a fait est bien fait.

Ainsi, l'homme de science, assis dans son cabinet, nie l'évidence des faits ; son orgueil se révolte, parce que son savoir est insuffisant. Par contre, l'homme des champs accepte sans examen les dons de Dieu, et il en use avec reconnaissance.

Non, le fumier n'est pas un luxe inutile. Les arbres et les plantes fourragères peuvent, il est vrai, s'en passer, bien que son application leur soit toujours avantageuse ; mais les végétaux cultivés, accumulés sur un petit espace de terrain où l'homme veut forcer la production, ont absolument besoin d'engrais. L'air, la pluie, les brouillards et la rosée peuvent bien déverser sur un hectare de terre les matériaux nécessaires pour produire quelques milliers de fourrage, mais les éléments atmosphériques ne suffisent pas pour alimenter 40 mille kilog. de betteraves, 1500 kilog. de blé ou 20 hectolitres de colza. D'un autre côté, si la nature a donné aux arbres et aux plantes fourragères le pouvoir d'absorber largement les agents de fertilité que contient l'atmosphère, il est certain qu'elle n'a pas doté les autres végétaux du même pouvoir à un degré égal.

C'est en vain que les théoriciens alarmistes nous crient que la production de la terre va sans-cesse diminuant. Quoi ! La terre rend moins et elle nourrit chaque année une population plus nombreuse. Dans le département de la Moselle, nous voyons les neuf-dixièmes des exploitations agricoles en bonne voie d'amélioration. Et cependant, la où les fermiers se ruinaient précédemment, en payant un canon annuel de 1500 francs, leurs successeurs prospèrent aujourd'hui en supportant un loyer de 4, 5 et 6000 francs, et cela, sans l'importation d'aucune espèce d'engrais, rien que par l'extension des cultures fourragères.

C'est à tort que Liebig prétend qu'il n'y a pas de plantes améliorantes, que tout végétal épuise la terre, au moins en substances minérales. La végétation spontanée est essentiellement améliorante : une plante sauvage croît sur une tuile ou sur la pierre ; ses débris finissent par former un détritus dans lequel naissent des graminées fourragères, de la minette, etc. ; le fonds augmente progressivement, par l'accumulation des débris, jusqu'à ce que le hasard y fasse tomber un grain de blé ; celui-ci prospère à son tour et, finalement, il donne de beaux épis pourvus de graines nombreuses. Eh bien, dans ce froment, enfant du hasard, la chimie peut constater la présence de toutes les substances minérales propres à la végétation des plantes, sans en excepter le phosphate de chaux. Ce n'est ni la tuile ni la pierre qui a fourni les matériaux inorganiques de cette végétation accidentelle. Qu'est-ce donc ? Sinon l'atmosphère. L'origine si mystérieuse des phosphates n'a pu, jusqu'à ce jour, être expliquée par les chimistes ; ils n'ont pas encore découvert l'acide phosphorique dans l'air, mais les faits démontrent qu'il y est, et ici, comme presque toujours, la pratique précède la science.

Si l'atmosphère, comme il n'est pas possible d'en douter, distribue aux plantes tous les matériaux nécessaires à leur existence, il n'en est pas moins vrai, répétons-le, qu'elle ne les accorde pas à dose suffisante pour faire prospérer toutes les récoltes indistinctement. Supposons, par impossible, qu'une terre est complétement dépourvue de sels inorganiques. Elle recevra dans une année, suivant les analyses de M. Isidore Pierre, des chlorures et des sulfates suffisants pour trois récoltes de betteraves, dix d'avoine et vingt de blé ; la pluie lui donnera 26 kilog. de chaux, la rosée et les brouillards augmenteront cette dose dans une certaine proportion, mais cette terre ne recevra, en fin de compte, qu'environ 50 kilog. de chaux pour une récolte qui en exige 60, 80 kilog., ou plus. Aussi nous reconnaissons sans peine que la chimie, qui a l'inconvénient de fanatiser quelques esprits, rend néanmoins de grands services en indiquant les éléments que la terre recèle en moindre proportion, c'est-à-dire ceux qu'il importe le plus de lui fournir pour qu'elle soit promptement améliorée.

Si la prétention d'attribuer la fécondité de la terre uniquement à la présence des sels minéraux était fondée, il faudrait conclure *à priori* que le sous-sol de n'importe quelle terre doit être plus fertile que la couche arable, par la raison qu'il n'a pas encore produit, ou peu s'en faut, et que ses ressources, par conséquent, sont à peu près intactes. Il suffirait donc de ramener à la surface une partie du sous-sol pour rappeler la fertilité. Au contraire, on sait qu'une portion même minime du sous-sol, mélangée à la terre végétale, la rend sensiblement moins féconde. C'est au point que les cultivateurs qui veulent augmenter la couche arable au détriment du sous-sol, s'imposent le sacrifice d'une forte fumure, sous peine de stériliser leur champ pendant plusieurs années. Si les engrais minéraux étaient tout, si l'humus n'était rien, le contraire devrait arriver, il suffirait de refouler ou d'enlever la terre végétale pour faire de bonnes récoltes sans fumer.

Dans les villes de guerre, on a journellement l'occasion de constater *de visu* l'action essentiellement fécondante de l'atmosphère. Le Génie militaire remue et déplace beaucoup de terre ; il creuse de profondes tranchées et met souvent à nu les couches profondes du sous-sol, des couches argileuses, compactes, infertiles. Sur celles-ci apparaissent, dès la première année, quelques herbes décolorées, chétives ; à la seconde année, le gazon se répand et prend une nuance plus verte ; enfin, au bout de quatre, cinq, six ans, plus ou moins, la surface exposée à l'air s'est couverte d'une épaisse végétation et dès lors la nouvelle prairie acquiert chaque année plus de vigueur, sans l'intervention d'aucun engrais autre que l'engrais atmosphérique. Après une durée de dix, quinze ou vingt ans, la couche superficielle de la terre a changé d'aspect, elle a pris une teinte foncée, dans une épaisseur de vingt à trente centimètres ; c'est-à-dire qu'elle s'est chargée d'humus provenant des débris de feuilles, de tiges et de racines, en un mot, qu'elle s'est complétement fertilisée au contact de l'air et qu'elle est devenue apte à produire toute espèce de récoltes.

C'est un fait que nous venons de citer ; aucun raisonnement ne pourra le détruire. Il nous montre un sous-sol ingrat dans lequel l'avoine elle-même ne réussirait pas. Cette terre stérile est tout-à-coup livrée à l'action de l'air ; sous cette influence, elle produit des herbes et finit par devenir propre à la culture. Or, le changement qui s'est opéré dans cette terre a eu lieu sans le secours de la main de l'homme ; le seul accès de l'air a suffi pour accomplir cette heureuse métamorphose ; lui seul a pourvu un sol infécond de tous les éléments nécessaires à la végétation des plantes cultivées. Après cela, est-il possible de douter que la masse d'air qui entoure le globe recèle tous les principes de fertilité, de nier que l'air atmosphérique, avec tout ce qu'il contient, constitue un engrais et un engrais complet ?

Il fut un temps où l'on n'avait pas même l'idée qu'un seul atome minéral pût provenir de l'air. Aujourd'hui, il ne reste plus de doute que pour le phosphore. Le doute n'est pas dans notre esprit, on le comprend, d'après tout ce que nous avons dit précédemment ; mais il existe encore chez les chimistes qui, comme Saint-Thomas, tiennent absolument à voir et à toucher. Cependant, il serait moins difficile d'expliquer la présence du phosphore dans l'air que celle de corps fixes comme le potassium, le calcium, etc. Le phosphore, en effet, se volatilise, ou, pour parler plus exactement, il se dégage des matériaux qui le renferment et se répand dans l'air où il se combine avec l'oxigène et forme de l'acide hypophosphorique, ce qui constitue le phénomène de la phosphorescence. Cet acide hypophosphorique est liquide ; il se délaie sans peine dans la vapeur d'eau atmosphérique.

Voilà donc un point acquis : il y a de l'acide phosphorique dans l'air. Dans quelle limite s'y forme ce corps, nous l'ignorons ; mais il n'est pas douteux que l'extrême affinité du phosphore pour l'oxigène est la cause première de la phosphorescence. Il est donc permis de croire que partout où il y a des phosphates au contact de l'air, il y a dégagement de phosphore. Le dégagement n'est sans doute pas toujours assez intense pour être accompagné d'une lueur visible, mais il est probable qu'il est incessant et produit la plupart du temps une phosphorescence latente, insensible.

Quoiqu'il en soit, le phénomène de la phosphorescence, phénomène bien connu et scientifiquement constaté, nous prouve que du phosphore se dégage des objets terrestres et qu'il produit dans l'air de l'acide hypophosphorique. Voilà qui est certain.

Cela constaté, est-il téméraire d'avancer qu'il doit se former dans l'atmosphère, par le moyen de l'acide phosphorique, des phosphates analogues aux sulfates que la chimie a découverts de la manière la plus positive ? N'avons-nous pas le droit de nous passer du contrôle officiel de l'analyse chimique, et de dire que l'atmosphère renferme tous les matériaux nécessaires à la composition des plantes , sans en excepter le phosphore ? S'il était possible d'en douter, si le fait n'était pas en quelque sorte palpable, si la phosphorescence n'en donnait une preuve matérielle , les faits , encore un coup , le démontreraient surabondamment. Nous ne résisterons pas au plaisir d'en citer encore.

M. de Gasparin dit que 100 kilog. de froment exigent une fumure contenant 1 kil. 58 d'acide phosphorique. Par conséquent, 1500 kil. de blé, récolte d'un hectare , en demandent 25 kil. 70. Or, la plupart des terres , selon M. de Gasparin , ne renferment pas plus que cette même quantité d'acide phosphorique, et beaucoup de terres à blé en contiennent moins. Voyons donc ce que deviendrait la production du blé , s'il était rigoureusement nécessaire de rendre à la terre une proportion d'acide phosphorique égale à celle que les récoltes lui enlèvent. Pour faire notre calcul , rappelons que les neuf-dixièmes des exploitations n'emploient pas d'autre fumier que celui des bestiaux ; n'oublions pas, en outre, que l'engrais d'étable forme sans doute une source abondante d'humus , mais qu'il est pauvre en phosphates , parce que la majeure partie de ces sels contenue dans les récoltes a été exportée avec les denrées et les animaux vendus, sans compter les déperditions qui résultent des déjections des habitants de la ferme, du fumier laissé sur les routes, etc. Tout cela bien établi, supposons une ferme où l'assolement triennal avec jachère est en vigueur, et voyons ce qu'un hectare de terre a fourni d'acide phosphorique , depuis l'année 1800 seulement, et ce qu'il a reçu en échange , par les fumures. Dans cette période de 63 ans, il a produit vingt-une fois du blé, soit une récolte moyenne de 20 hectolitres absorbant 25 kil 70 d'acide phosphorique, ce qui représente 497 kil 70 de ce composé, pour les vingt-une récoltes. Dans le même laps de temps, la terre dont nous nous occupons a reçu onze fumures dont chacune a fourni au plus 10 kil. d'acide phosphorique , soit 110 kil. en tout. Déduisons 110 kilog. de 497 kilog. 70 et nous trouvons une somme de 387 kil. 70 d'acide phosphorique que la nature a produite en 63 ans, sans le concours des engrais. Qu'on en retranche, si l'on veut, les 25 k. d'acide phosphorique que le sol tenait en réserve, d'après les calculs de M. de Gasparin, et il restera encore une masse de 362 kil. 70 dont il n'est pas possible d'expliquer l'origine , si l'on refuse d'admettre , avec nous, que cette quantité considérable de phosphore vient d'une source providentielle.

Qu'on ne taxe pas d'exagération le calcul qui précède. Nous pourrions démontrer sans peine que ce chiffre de 362 kil. 70 ne représente pas intégralement l'excédant de la dépense sur la recette. En effet, presque tous les cultivateurs vendent non-seulement du blé, qui a servi de base à notre calcul, mais encore des quantités importantes d'avoine, d'orge, de pois, de féverolles, de paille, de trèfle, de pommes de terre, etc., qui augmentent, sans aucune compensation, la somme d'acide phosphorique exportée. Dira-t-on que cette exportation est contre-balancée par le produit des prairies naturelles fertilisées par les inondations ? Mais le fourrage des prés compense à peine les pertes résultant du lavage des fumiers et des terres par la pluie.

M. de Gasparin dit que, dans les parties méridionales de l'Italie, en Sicile, en Espagne, en Asie, en Afrique et encore quelquefois en France, on trouve des terrains qui portent des récoltes de 9 hectolitres de blé, avec une année de repos intermédiaire, et cela de temps immémorial, sans recevoir aucune espèce d'engrais. Or, 9 hectolitres de blé renferment 12 kil. d'acide phosphorique ; par conséquent, les terres dont il est question en ont fourni 6 kil. par an, soit 600 kil. en cent ans et 6000 kil. en mille ans. C'est-à-dire que, si ces terres contenaient dès le principe tout l'acide phosphorique qu'elles ont cédé *de temps immémorial*, aux récoltes de blé, il s'en suit que leur couche végétale renfermait, il y a mille ans, 20 pour 100 d'acide phosphorique ; il s'en suit que, il y a cinq mille ans, ces mêmes terres étaient exclusivement et uniquement composées d'acide phosphorique ! ! ? ?

Mais pourquoi nous livrer à des calculs aussi rigoureux pour démontrer une vérité éclatante comme le jour. Depuis des siècles et des siècles, la terre qui produit du blé pour la nourriture de l'homme n'a reçu de celui-ci, généralement, que les fumiers d'étable. Ces fumiers ne restituent au sol que les éléments de fécondité les moins importants, car l'azote et le phosphore que les récoltes puisent dans le sol sont principalement concentrés dans les grains que la culture exporte et sont, par conséquent, perdus pour l'exploitation qui les a produits. L'azote et le phosphore des fourrages consommés sur la ferme sont également perdus, en partie du moins, parce qu'ils servent à constituer les tissus des animaux, leur chair et leurs poils si riches en azote, leur substance nerveuse et leurs os si abondamment pourvus de phosphore. On ne rend au sol que la paille, qui contient une minime proportion de phosphates, et les déjections animales qui, en passant par le tube intestinal, ont cédé une notable portion de leurs principes azotés et phosphatés.

Ainsi donc, l'homme prend énormément à la terre, il y puise le phosphore à pleines mains et il ne le rend qu'avec une extrême parcimonie. Malgré cela et quoiqu'on dise, la terre s'améliore par la culture, loin de s'appauvrir. Dans l'arrondissement de Thionville, l'importation du guano, du noir d'os, des cendres, etc., a été jusqu'à présent insignifiante. Et cependant, beaucoup de terres réputées médiocres et cultivées en seigle, il y a trente ou quarante ans, ont si avantageusement changé de nature, par la seule action des cultures fourragères, qu'on les voit aujourd'hui couvertes de plantureuses récoltes de blé.

Peut-on douter que l'air fournit des phosphates, quand on voit des herbes nutritives, excellemment propres à la nourriture des bestiaux, croître dans des terres dépourvues de phosphates et y prospérer? Cependant, M. Élie de Beaumont a publié ces lignes : « Colbert avait dit que la France périrait faute de forêts. De son temps, on aurait moins facilement compris comment un grand pays aurait pu périr faute de phosphore. » Nous croyons que s'il pouvait y avoir danger de périr faute de phosphates, il y a longtemps que, non seulement la France, mais encore l'Allemagne tout entière et la plupart des pays auraient succombé. Si la terre ne recevait pas d'autres phosphates que ceux que la main du cultivateur lui accorde en si petite quantité, il y a bien des siècles que la terre serait arrivée à un état de stérilité absolue, même dans cette hypothèse, complétement inadmissible, que le sol n'était primitivement composé que de phosphates.

Après tout ce que nous venons de dire, si un seul de nos lecteurs reste incrédule, nous proposons l'expérience suivante : choisir tel champ qu'on voudra ; faire constater par tous les chimistes, français ou étrangers, que la terre de ce champ ne contient pas une molécule de phosphore. Ceci constaté, nous prenons l'engagement solennel d'y faire croître du beau blé, rien que par l'emploi de la jachère ou par la culture des fourrages.

Quelles théories n'a-t-on pas édifiées sur les données de la chimie, théories que les faits renversent? Telle est celle de l'effritement. On nous dit : « les racines d'une plante choisissent les aliments qui leur conviennent et laissent ceux qui leur sont *inutiles ou nuisibles*, en sorte qu'un sol *épuisé* par une espèce végétale peut nourrir une autre espèce qui s'y développe PARFAITEMENT. » S'il existe une idée essentiellement chimérique, la voilà ! Quels sont donc ces matériaux inutiles ou nuisibles dont il est question ? Toutes les plantes cultivées que nous ramenons tour à tour sur nos terres renferment identiquement les mêmes substances minérales, en des proportions très-voisines, à savoir : de la potasse, de la soude, de la chaux, de la magnésie, de l'acide phosphorique, de la silice, de l'acide sulfurique et des chlorures ; une quantité considérable de potasse dans les betteraves et les pommes de terre; pas mal de soude dans l'avoine ; beaucoup de chaux dans les pois, les vesces, le colza, le trèfle, le tabac ; plus de magnésie dans l'orge ; une forte proportion d'acide phosphorique dans le colza, le trèfle, le blé, l'orge ; énormément de silice dans les céréales ; des chlorures en abondance dans quelques légumineuses ; en définitive, les mêmes sels minéraux dans toutes les plantes. En sorte que nous nous demandons sur quelle expérience on a pu se fonder pour dire et répéter à l'envi que « les spongioles des racines aspirent les sels utiles à la plante et rejettent ceux qui lui seraient nuisibles? » Nous croyons volontiers qu'il y a une sorte de discernement dans les actes de la végétation, que lorsqu'une plante a assimilé son contingent de potasse, par exemple, elle cesse d'absorber de la potasse, contrairement à d'autres êtres vivants, les hommes, qui absorbent quelquefois plus que de raison. Nous croyons cela sans peine, mais nous ne comprenons pas qu'un sol soit *épuisé* pour une espèce végétale et fécond pour une autre, puisque toutes les espèces végétales réclament la même nourriture à des doses presque égales. Une terre qui contient tous les sels minéraux nécessaires à la végétation, produira aussi bien du blé que des pois, de même que du bon foin sera également propre à nourrir tous les animaux herbivores, le cheval aussi bien que le bœuf. Il n'y a pas d'explication plausible de l'effritement. C'est un fait mystérieux qui semble résulter d'une action vitale — nous allions dire nerveuse — qui fait qu'une plante répugne au sol qui vient de la porter, de même qu'un aliment, toujours le même, fût-ce l'aliment le plus complet, finit par n'être plus supporté par l'estomac d'un animal. Au reste, nous n'avons pas la prétention d'expliquer l'effritement ; ce que nous venons de dire n'est qu'un aveu du mystère qui l'entoure.

Liebig a prétendu que les plantes tirent de la terre seule la partie inorganique de leur nourriture et que, rigoureusement parlant, il n'y a pas de récoltes qui *ménagent* le sol, encore moins qui l'*enrichissent*. Cette opinion, si les faits l'avaient justifiée, eut été bien propre à assombrir l'avenir de l'agriculture ; les cultivateurs eussent cédé à un fatal découragement, ayant en perspective une époque plus ou moins rapprochée où la source des engrais artificiels serait tarie. Heureusement, l'analyse chimique a matériellement renversé la théorie de Liebig : elle a découvert que la pluie renferme la chaux, la potasse, la soude, la magnésie, le soufre, le chlore, et il n'est pas douteux, après tout ce que nous avons dit, que le phosphore se trouve dans l'atmosphère à côté de tous ces corps chimiques.

Toujours sous l'empire de la même pensée, Liebig a dit encore que les plantes fourragères ne laissent pas le sol plus riche qu'il était auparavant ; que les trèfles ne sont qu'un moyen de mettre à la disposition des céréales les principes fécondants contenus dans le sous-sol ; que, du moment que les trèfles ont épuisé le sous-sol, ils ne réussissent plus. — Ce sont là des hypothèses sans consistance. Le trèfle violet, il est vrai, après une seule année de récolte ne peut revenir sur la même terre qu'au bout de six ans ; mais n'est-il pas puéril de prétendre qu'une seule récolte de trèfle ait pu épuiser le sous-sol ? Et si le trèfle violet est capable d'épuiser le sous-sol, dans un espace de temps si court, lorsqu'on le cultive dans les champs, comment se fait-il que le trèfle blanc, la minette, le trèfle hybride et le trèfle violet lui-même durent et se reproduisent pour ainsi dire indéfiniment dans les prés ? On dit également que la luzerne disparaît quand elle a épuisé le sous-sol. Nous ne croyons pas que la luzerne dégénère par cette seule raison : en effet, si la luzerne était capable d'épuiser, dans l'espace de 6, 8 ou 10 années, un sous-sol enrichi par une action séculaire, elle ne pourrait prospérer de nouveau dans la même terre, à la suite d'un laps de temps égal à celui de sa durée. Nous ignorons de quelle nature est l'effritement ; mais, à coup sûr, ce n'est pas une question d'épuisement, car chacun sait qu'on aura beau multiplier les fumures, l'alternative des récoltes sera toujours une loi inéluctable. Les plantes ont leurs caprices, comme les animaux.

Il y a des sols très-fertiles, exigeant fort peu d'engrais pour produire de belles récoltes en tous genres. C'est une vérité proclamée par tous les cultivateurs, que les bonnes terres mangent moins de fumier que les terres médiocres. Parmi ces terres réputées excellentes, il nous semble qu'il y a une distinction essentielle à faire. Les unes sont richement minéralisées ; celles-là renferment dans leur sein une fraction importante de la nourriture des végétaux, elles fournissent directement des sels et, de plus, la présence des éléments chimiques y favorise des réactions au contact de l'atmosphère, telles que celles d'où résultent la nitrification et l'absorption de l'acide carbonique. Les autres, également fertiles et très-peu avides de fumier, sont remarquables par l'absence presque totale de chaux, de phosphore et de toutes les substances minérales. Cette seconde variété de terrains nous fournit de sérieuses objections contre les théories chimiques appliquées à l'agriculture : ces terrains doivent, sans aucun doute, leur fécondité aux propriétés physiques dont ils sont doués ; ils possèdent à un degré plus considérable que la plupart des terres le pouvoir d'absorber les principes de fécondité que récèle l'atmosphère. C'est l'exemple de ce qui se passe dans les sols de cette catégorie qui a fait supposer que les plantes peuvent créer des matières minérales, par les seules forces de la végétation. Nous ne sommes pas éloigné d'adopter cette manière de voir ; et quand nous entendons M. Dumas dire que « la source des phosphates, si nécessaires à toute végétation, est encore très-souvent obscure et problématique, » nous croyons toute hypothèse licite, nous nous demandons si le phosphore, le chlore, le soufre, le sodium, le calcium et la plupart des métalloïdes et des métaux ne sont pas des combinaisons des éléments de l'air, des corps formés de carbone, d'hydrogène, d'azote, d'oxygène, dans des proportions diverses, et que nous dénommons simples, non parce que leur état simple est démontré, mais par la raison que nous ne sommes pas encore parvenus à les décomposer.

De prime abord, cette supposition paraîtra bien aventureuse, tellement elle s'éloigne des idées officielles de la science. Cependant, nous allons faire voir qu'elle n'est pas sans fondement.

Rappelons ce qui se passe lorsque, sous l'action d'un courant électrique, un sel ammoniacal est mis en présence d'un amalgame de potassium. Il se produit un composé que M. Berzélius a regardé comme un amalgame particulier, comme une combinaison de mercure avec un métal nouveau (ammonium) *qui n'est pas un corps simple* et qui, formé de 2 atomes d'azote contre 8 d'hydrogène ($Az^2\,H^8$), *jouirait au plus haut degré des propriétés des métaux alcalins et s'en rapprocherait sous tous les rapports, et même jusque dans les sels qu'il produit en s'unissant aux oxacides et aux hydracides.*

« Cette nouvelle théorie, dit M. Lassaigne, fait disparaître les chlorhydrates, bromhydrates, sulfhydrates d'ammoniaque et tend à les classer parmi les chlorures, bromures, sulfures métalliques. Elle explique mieux le rôle basique de l'ammoniaque et donne une juste idée de l'isomorphisme qui existe entre les sels ammoniacaux et les composés analogues ayant pour base le potassium, le sodium ou leurs oxides. »

Voilà donc un métal, du moins un corps qui joue le rôle des métaux, et qui n'est point un corps simple. L'ammonium est représenté par la formule $Az^2\,H^8$; mais qui peut assurer que des modifications dans la proportion des matériaux constitutifs de ce métal n'entrainent pas la création de plusieurs des métaux connus et que nous prenons pour des corps simples ? Qui peut garantir, par exemple, que le potassium n'est pas composé de $Az^2 H^7$, le sodium de $Az^2 H^8$, etc.? Pourquoi le potassium, le sodium, le calcium, le magnésium, n'auraient-ils pas une composition voisine de celle de l'ammonium, eux qui se combinent avec l'oxigène atmosphérique pour former des oxides analogues à l'oxide d'ammonium?

On le comprend, nous ne faisons ici que poser un point d'interrogation. En somme, nous nous préoccupons moins du côté chimique de la question que de l'intérêt qu'elle offre au point de vue de l'agriculture. Si notre raisonnement avait pour but de découvrir qu'il existe dans l'air des substances minérales, nous avouons que le point de départ de notre argumentation serait très-hasardé. Mais nous sommes placé dans une situation moins précaire, c'est-à-dire que, sachant positivement qu'il y a dans l'atmosphère tous les composés inorganiques nécessaires à la végétation, nous en recherchons l'origine. Si elle est telle qu'il est permis de le soupçonner ; si, en termes plus nets, les plantes ont la faculté de créer des minéraux, en raison de l'action qu'elles exercent sur les gaz atmosphériques, la source des engrais inorganiques est inépuisable. Nous ne voyons pas en quoi cette doctrine, que l'avenir sanctionnera peut-être, pourrait être démentie dès à présent par la pratique. En effet, en admettant comme possible, comme réel même, que l'azote, l'hydrogène, l'oxigène et le carbone soient les principes constituants des cendres des végétaux, aussi bien que de leur trame organique, les minéraux conserveraient leur valeur comme amendements, tout comme les corps organiques gardent leur importance quoique émanant de l'atmosphère. Bien que, à ce point de vue nouveau, la source des matières minérales serait aussi vaste que celle des produits organiques, il n'en est pas moins vrai que la première dépendrait toujours, comme la seconde, d'un travail physiologique soumis à la force vitale, c'est-à-dire à une force limitée. En un mot, on ne pourrait pas dire : « à quoi bon les engrais minéraux, l'atmosphère en contient à profusion. » Cette prétention serait aussi injuste que celle des *minéralistes* qui veulent supprimer la valeur de l'azote, sous prétexte qu'il y en a d'inépuisables quantités dans l'air.

Il y a aussi de l'azote dans le pain, dans la viande ; et pourtant, ces aliments ne profitent aux êtres qui les mangent, que proportionnellement à l'énergie des fonctions digestives. Ce n'est pas ce qu'on mange qui nourrit, c'est ce qu'on digère. Cette loi importante de l'alimentation animale doit être, à notre avis, appliquée aux végétaux. Citons à l'appui de notre opinion ce fait si connu, que les plantes ont surtout besoin d'être soutenues dans leur enfance, alors que leurs organes sont délicats, et que quand l'impulsion initiale a été vigoureuse, elles deviennent particulièrement aptes à s'assimiler les matériaux nutritifs de l'atmosphère. On sait, en effet, qu'il n'y a qu'une bonne méthode pour la création des luzernières et des herbages en général : parfaitement nettoyer et fumer fortement le sol. Les graines lèvent rapidement,

les jeunes plantes s'emparent bientôt du terrain, à l'exclusion des
herbes parasites ; dès lors, le problème est résolu, la luzernière ou le
gazon qu'on a créé fournira une longue carrière avec le seul concours
des eaux pluviales.

Une chose nous frappe, c'est que les partisans des opinions
extrêmes, *azotistes* ou *minéralistes*, ne sont exclusifs qu'en théorie. Au
contraire, nous voyons, dans le domaine de la pratique, tous les
cultivateurs tomber d'accord sur la valeur des engrais. Tous emploient
les fumiers en totalité, ils se gardent bien de les incinérer et,
quand ils font usage de substances chimiques, ils ont soin d'y joindre
de l'engrais d'étable. Ceux mêmes qui, théoriquement, paraissent
s'affranchir des idées communes, se comportent différemment dans la
pratique ; bon gré mal gré, ils marchent sur la trace du vulgaire
et, quand ils ont fumé leurs terres avec du phosphate de chaux
fossile ou du noir d'os, ils y ajoutent du fumier pailleux, c'est-à-dire
une soure d'humus. C'est qu'ils ont appris à leurs dépens qu'avec
l'unique assistance des amendements, les terres s'appauvrissent,
perdent cette teinte plus ou moins foncée qui décèle la présence
de l'humus, et finissent par ne plus donner que de médiocres récoltes,
malgré des doses assez notables de sels minéraux. Ceux-ci suffisent
incontestablement pour faire donner aux plantes fourragères leur
rendement maximum, parce que les fourrages apportent de l'humus à la
terre, au lieu d'en soustraire, comme les récoltes cultivées ; mais les
engrais minéraux agissant isolément sont incapables de faire produire
longtemps au même sol d'abondantes récoltes de céréales ou de
plantes sarclées.

Les fourrages sont le fruit d'une végétation naturelle. Le Créateur
leur a manifestement assigné cette double destination de faire vivre les
animaux et de préparer la terre à nourrir les récoltes qui doivent sus-
tenter l'espèce humaine. La nature ne fait rien au hasard : quand elle
réunit des plantes rustiques sur un terrain, elle pourvoit aux besoins de
leur existence. Mais quand l'homme veut forcer la production, lorsqu'il
accumule sur un petit espace des végétaux délicats qui sont le produit
d'une culture artificielle, il faut nécessairement qu'il leur prépare une
riche nourriture. Le blé, le colza, la betterave, etc., ne sont pas organisés pour supporter la disette ; les substances nutritives de l'atmosphère
ne leur suffisent pas et ils ne jouissent d'ailleurs que faiblement du
pouvoir de les absorber. Ils réclament une alimentation très-substan-
tielle ; ce sont véritablement les carnivores du règne végétal.

Nous venons de dire un mot sur l'importance de l'humus très-
contestée par les *minéralistes*. Malgré les attaques qu'a subies l'humus,
les cultivateurs continuent de le rechercher avec prédilection. Ils
estiment la terre qui est colorée par les débris organiques, et lorsqu'ils
voient un sol auparavant négligé devenir plus ou moins noir par la
présence de détritus végétaux, ils disent que ce sol s'est fait, qu'il est
devenu bon. M. Boubée, voulant prouver à M. Crussard que l'humus
est inutile, lui a opposé l'exemple des terrains d'alluvion complets qui
produisent plus que les terres les mieux fumées. L'objection est spé-

cieuse, mais elle n'a aucune valeur. De même que nous avons vu que certaines terres sont fertiles , quoique très-pauvres en substances minérales, de même nous admettons que des terres très-richement minéralisées soient fécondes malgré la petite proportion d'humus qu'elles renferment. En effet , l'acte de la nutrition consiste dans une série de réactions ; les matériaux nutritifs contenus tant dans l'air que dans le sol ne peuvent entrer de toutes pièces dans les végétaux et ce n'est qu'à la faveur de nombreuses décompositions que leurs éléments peuvent être assimilés par les plantes. Que les terres citées par M. Boubée réagissent suffisamment sur les éléments atmosphériques pour pouvoir se passer d'humus, nous le croyons ; mais il ne s'ensuit pas que l'humus soit superflu dans toutes les terres. Il sera toujours plus facile et moins coûteux d'améliorer les terres par le système ordinaire, c'est-à-dire au moyen de fumures, par conséquent au moyen de l'humus, dont l'action est certaine, qu'à l'aide d'amendements dont l'emploi exige des connaissances spéciales très-étendues et expose, en tous cas, à d'amères déceptions. Ce qui se passe dans les terres d'alluvion dont parle M. Boubée prouve simplement que l'excès de sels minéraux supplée à l'humus dans une certaine mesure. En nous inscrivant contre les conclusions trop exclusives de cet écrivain , nous ne prétendons pas nier l'influence de la composition chimique des terres sur leur faculté d'absorption de l'ammoniaque; loin de là, nous avouons que M. Boussingault nous paraît être dans le vrai, lorsqu'il avance que la chaux n'agit pas comme aliment direct des plantes, qu'elle a pour effet de provoquer la formation de l'ammoniaque. S'il n'en était pas ainsi, pourrait-on expliquer l'action étonnante de la chaux sur la production du blé, sachant qu'une récolte de blé n'absorbe que 13 kilog. de chaux, c'est-à-dire moitié moins que n'en fournirait la pluie d'une année ?

Il n'y a rien d'inutile pour la végétation ; tout ce qui est susceptible de décomposition peut contribuer directement, ou d'une manière médiate, à la nutrition des plantes. L'introduction du carbone, de l'azote, des sels , etc., dans les vaisseaux où circule la sève, se fait suivant les mêmes lois que l'assimilation chez les animaux. Les spongioles des racines sont un instrument d'absorption analogue aux vaisseaux chylifères, avec cette seule différence que la digestion des aliments destinés au végétal se fait dans le sein de la terre qui est en quelque sorte l'appareil gastrique des plantes. Il y a un admirable enchaînement dans la structure et les fonctions des êtres organisés : le carbone et l'oxigène de l'air jouent le principal rôle dans la respiration des animaux et des végétaux : l'air qui entre dans les poumons des animaux renferme l'énorme proportion de 43 pour 100 d'azote, et cependant le Créateur n'a pas voulu que ce gaz si utile à la composition des tissus animaux pût s'y fixer par l'intermédiaire de la respiration ; de même, l'azote joue un rôle souvent nul, en tous cas très-minime , dans la respiration des plantes. A l'instar des animaux, les végétaux respirent , et un liquide nourricier, produit d'une digestion ou décomposition d'aliments, circule dans leur appareil vasculaire. La sève est le sang du végétal ; la sève, comme le sang, est le fruit d'une assimilation mystérieuse : une plante dont les racines plongeront dans un liquide renfermant une dissolution d'humus et de sels minéraux appropriée à ses besoins périra, parcequ'elle ne peut absorber directement ces matériaux nutritifs mis à sa portée ; de même, un animal dans les veines duquel on transfusera du sang mourra. La plante et l'animal, soumis à des expériences analogues, subiront le même sort, parce que les lois de leur organisation sont identiques et que leur existence est subordonnée à des règles communes.

Ainsi, dans les plantes aussi bien que chez les animaux, l'assimilation n'a lieu qu'à la suite d'une élaboration digestive, et celle-ci, dans le végétal, ne se fait qu'au contact de l'air. De nombreuses expériences faites par M. Bouchardat, il résulte qu'une dissolution, fût-elle la plus convenable à l'assimilation des végétaux, n'a aucune influence utile lorsque les racines plongent librement dans cette dissolution. Ceci prouve que l'air atmosphérique est l'agent le plus nécessaire à la vie des plantes : c'est le *pabulum vitæ* des végétaux plus encore que des animaux. Au moyen de l'air, l'animal respire ; la plante non-seulement respire l'air, mais encore elle s'en nourrit. Certaines plantes vivent uniquement dans l'air et de l'air, mais la majorité des végétaux, bien que puisant une partie de leur nourriture dans le sol, n'y prospèrent qu'à la condition qu'il soit perméable à l'air.

Après tout ce que nous avons dit pour démontrer que l'air atmosphérique suffit à la nutrition des plantes spontanées, il n'est pas sans intérêt d'étudier en quelques lignes la végétation des forêts. Nous entrerons en matière par la réfutation d'un article de M. Flaxland, inséré dans la *Réforme Agricole* :

« Croyez-vous que les arbres qui couvrent les montagnes et dont les racines s'enfoncent profondément dans le sol entre les fissures des roches, puisent leur nourriture dans la *mince couche d'humus* qui se trouve quelquefois à la surface du sol ? Ne voyez-vous pas que c'est à la matière minérale pure du sous-sol qu'elles empruntent presque exclusivement l'abondante sève que réclament leurs branches gigantesques et leurs feuilles innombrables ? Ne voyez-vous pas que la végétation robuste de nos forêts actuelles condamne sans réplique toute votre théorie de l'humus et de l'azote, et proclame hautement le système de la nutrition des plantes par les seules matières minérales et les agents atmosphériques. Et, en effet, lorsque vous défrichez un bois qui, depuis des siècles, prospérait sur le même point, cette terre qui semblait suffire à toute cette énorme végétation forestière, n'est plus capable de donner plus de deux ou trois récoltes sans réclamer aussitôt une large ration d'engrais ou d'amendements.

« C'est que la forêt végétait aux dépens des seules matières minérales du sous-sol et non pas aux dépens de l'humus et des matières azotées de la surface, lesquelles sont promptement épuisées par deux ou trois récoltes, tandis que les matières minérales du sous-sol, à peu près inépuisables, suffisent indéfiniment à la nutrition de ces plantes gigantesques qui constituent nos arbres forestiers. »

Nous allons voir tout-à-l'heure que les *azotistes* pourraient jouer à la balle avec l'argument de M. Flaxland. Nous admettons que ce n'est pas une *mince couche d'humus* qui peut fournir la nourriture des arbres; bien mieux, nous disons que les arbres, comme toutes les plantes spontanées, loin de demander de l'humus, en fabriquent, à telles enseignes qu'il existe un assez grand nombre de plantes qui vivent et se développent dans l'air, sans avoir aucune communication avec le sol. Pour qu'il n'y ait pas de doute sur ce point, empruntons les lignes suivantes à l'auteur de la *Géologie agricole*, au coryphée du parti des *minéralistes*.

« Il est certain qu'il existe un assez grand nombre de plantes qui ne sont réellement attachées ni au sol, ni aux arbres, ni aux roches ; qui ne prennent sur ces divers corps qu'un simple point d'appui, mais sans adhérence proprement dite et sans se fixer d'une manière constante à une espèce végétale ou minérale plutôt qu'à une autre : on voit, au contraire, ces plantes aériennes s'attacher indifféremment au premier point d'appui qui se présente partout où se trouvent réunies les conditions de leur développement, c'est-à-dire partout où elles peuvent aisément puiser les éléments de leur nutrition, dans l'humidité de l'air ou des vents, dans les émanations du sol ou des marécages, dans les brouillards ou dans la vapeur produite, par exemple, par la chute d'une cascade, dans les exhalaisons spéciales des eaux minérales , dans les lieux où la chaleur naturelle ou artificielle de l'air les dispose à absorber plus facilement les gaz qui se trouvent répandus dans l'atmosphère, etc.

« Telles sont plusieurs plantes, même de très jolies espèces parmi les plantes grasses, parmi les orchidées, les mousses, les lichens, etc., que l'on peut suspendre à un fil et qui continuent leur végétation, pourvu qu'on les laisse dans les conditions de gisement qui leur sont propres. Dans la nature on les trouve appuyées plutôt qu'adhérentes contre un arbre, contre un rocher, contre une branche ; quelquefois même on les surprend simplement accrochées à ces divers appuis. Qu'il nous suffise de rappeler comme exemples l'*herbe à Marie* (*sedum telephium*) que l'on accroche à un clou dans le midi de la France, comme un rameau de buis, et la *fleur de l'air* (un *orchis*) que, dans la république de la Plata, on suspend à un cordon au milieu des appartements et que l'on voit ainsi grandir , fleurir et fructifier sans plus de soins. »

D'après ce qui précède, il y a des plantes qui vivent sans le secours de l'humus terrestre et qui, bien mieux, se passent des substances minérales contenues dans le sol et le sous-sol. Or, si l'*Herbe-à-Marie*, si la *Fleur-de-l'Air*, etc., trouvent des engrais minéraux en dehors de la terre , M. Flaxland est-il en état d'affirmer que le chêne , que le hêtre, etc., ne jouissent pas de la même propriété ? En un mot, si la présence de l'humus dans la terre n'est pas nécessaire à certaines plantes, celle des minéraux l'est-elle davantage ? Il vous plaît de dire que c'est le sous-sol qui fournit les matières minérales absorbées par les arbres, et que ce même sous-sol en contient *des quantités inépuisables*. Cette dernière hypothèse croule devant les faits suivants qui ne sont pas à nier : 1° la plupart des terres ne renferment, à toutes profondeurs, que des quantités insignifiantes de phosphates ; néanmoins, les cendres de tous les arbres, sans exception, contiennent 5 à 10 pour cent de phosphates ; 2° bon nombre de terres sableuses ne contiennent ni potasse ni chaux ; on peut en analyser des échantillons pris dans les couches les plus éloignées qu'atteignent les plus grands arbres, et on trouve ces échantillons à peu près dénués de substances minérales.

Il est donc facile de voir que , si ce n'est pas l'humus qui nourrit les arbres des forêts, ce ne sont pas non plus les matières minérales du sous-sol. En admettant même qu'un sol privilégié renferme dans son sein tous les éléments minéraux nécessaires aux arbres, cette ressource, si importante qu'on la suppose, ne serait pas *inépuisable*. Si deux ou trois récoltes épuisent radicalement la couche arable d'un défrichement, c'est-à-dire une couche de 21 centimètres d'épaisseur, voyons combien de temps il faut aux arbres pour épuiser le sol.

En 10 ans, ils l'épuiseront jusqu'à 0^m 70.

En 100 ans,............... à 7^m.

En 1000 ans,.............. à 70^m.

En 3000 ans,.............. à 210^m.

Arrêtons-nous ; le calcul est poussé assez loin pour démontrer, clair comme le jour, que, sous le rapport de la plupart des substances minérales, de la potasse, de la soude et des phosphates surtout, le sous-sol des forêts serait épuisé depuis longtemps, s'il fournissait depuis le commencement des siècles les matières salines des arbres forestiers ; que par conséquent il faut chercher la source des aliments minéraux ailleurs que dans le sous-sol, qui n'est pas inépuisable. La véritable source est réellement inépuisable. Ce n'est pas la terre, c'est l'atmosphère ; et M. Malaguti a été bien inspiré quand il a écrit que « *l'air peut être considéré comme une source d'engrais comparable à la fois au fumier et aux amendements.* »

CONCLUSION.

Au moment de conclure, nous ne serons pas exclusif comme les *minéralistes* qui prétendent que les minéraux seuls sont nécessaires comme engrais ; nous ne serons pas exagéré comme les *azotistes* qui ont accordé à l'azote tant de vertu fertilisante, qu'ils ont failli perdre de vue l'importance de toutes les substances non azotées. Encore une fois, il n'y a dans la nature rien d'inutile ; chaque chose produira des effets avantageux quand elle se trouvera à sa place. Rien que le mélange de deux mauvaises terres suffit pour en obtenir une bonne ; un sable pur et une argile compacte sont improductifs séparément, l'un par défaut de consistance, l'autre par une excessive cohésion ; cependant, leur fusion donne un bon terrain, même sans augmenter la dose ordinaire des fumures. Les qualités physiques de la terre ont sur la végétation une influence non moins considérable que sa composition chimique, parce que l'atmosphère supplée jusqu'à un certain point à l'absence des engrais, en déversant sur le sol l'ensemble des matériaux nutritifs des plantes.

Reconnaissant l'utilité de tous les engrais, il va sans dire que nous n'en dédaignons aucun. Une terre épuisée étant donnée, nous sommes d'avis, avec les *minéralistes*, de la tonifier au moyen des sels minéraux, mais nous entendons qu'on lui accorde en même temps une nourriture substantielle, c'est-à-dire de l'engrais d'étable. Les *minéralistes* prétendent guérir la chlorose avec du fer seulement ; nous y ajoutons des toniques analeptiques sans lesquels nous estimons qu'il n'y a pas de reconstitution possible.

Ce que nous venons de dire s'applique à la culture des plantes épuisantes. En ce qui concerne les fourrages, il nous est possible, dans une certaine mesure, de tomber d'accord avec les *minéralistes*. Nous savons bien que la luzerne, le trèfle, les herbes recevront de l'atmosphère une nourriture complète, mais tandis que l'air leur donnera du carbone et de l'azote à discrétion, il ne leur fournira qu'une quantité limitée de sels minéraux, quantité qui suffit pour produire une récolte passable, mais qui est incapable de préparer un rendement maximum. En conséquence, nous stimulons la végétation des luzernières et des prés au moyen de la charrée : une dépense annuelle de 15 à 20 francs que nous faisons sur un hectare en augmente le produit dans la proportion de 60 à 80 francs.

La confiance extraordinaire que nous plaçons dans l'action fertilisante de l'air nous autorise à établir en principe qu'on ne devrait faire les semis ou les plantations du printemps que sur un labour fait avant les gelées. M. John Tudor, notre ami et parent, qui a efficacement contribué à répandre les bonnes méthodes agricoles dans le Grand-Duché de Luxembourg, ne procède pas autrement. Lorsqu'un terrain a été gelé, son ameublissement est assuré pour toute l'année, quel que soit le temps qui vient après les gelées et précède l'ensemencement, pourvu que la charrue n'entre plus dans ce même terrain et que la herse, ou mieux le scarificateur soit seul chargé de donner la dernière façon qui précède les semis. Nous avons vu un été très humide dans lequel les pommes de terre et les betteraves de M. Tudor étaient reconnaissables entre toutes par leur aspect plus vigoureux. En regardant de près, on remarquait que sa terre était poreuse et légère, facile à biner, malgré l'humidité de la saison, tandis que celle des voisins était tassée par les pluies, difficile à entamer, adhérente aux instruments et infestée de mauvaises herbes. Pendant que les autres cultivateurs laissaient salir leur sol humide, par impossibilité d'y introduire la houe, M. Tudor façonnait ses cultures sarclées, en terres fortes, avec la même facilité que dans les sols légers.

Cette année même, le hasard a présidé à une expérience tout-à-fait concluante faite entre nos mains. Une pièce de pommes de terre fut abandonnée après l'extraction des tubercules et subit, dans cet état, l'action des quelques petites gelées et des pluies durables du dernier hiver. Au mois d'avril, la pièce fut labourée et semée en avoine, moins une petite fraction qui n'avait pas été retournée par la charrue et qui fut ensemencée sur un simple hersage. Or, cette dernière partie du terrain, parfaitement ameublie par la gelée, résista fort bien à la sécheresse du printemps et se couvrit rapidement d'une belle avoine dans laquelle le jeune trèfle leva convenablement. Au contraire, la portion labourée resta composée de mottes plus ou moins volumineuses, malgré l'emploi de la herse à dents de fer et du rouleau Croskill ; par suite, la moitié de l'avoine ne put y réussir et le jeune trèfle y périt presque entièrement.

Si la nature ne pourvoyait sagement aux besoins des plantes, en mettant à leur portée par l'intermédiaire de l'air, au moins dans une certaine proportion, *toutes* les substances alimentaires qu'elles réclament, il arriverait tous les jours que, faute d'un élément alibile, la végétation serait arrêtée. L'agriculture, qui est l'art le plus répandu, serait le moins praticable de tous, accessible uniquement aux chimistes, et encore ! Les chimistes eux-mêmes ne s'entendent pas toujours ; leurs analyses de terres ou de plantes donnent souvent des résultats si dissemblables qu'il n'y a pas de quoi leur accorder beaucoup de confiance. Le meilleur laboratoire nous paraît-être l'atmosphère, et le chimiste le plus exercé, comme le plus bienveillant, est incontestablement le bon Dieu. On entend souvent parler du Dieu des Armées, et vraiment il est permis de demander à quels signes ceux qui en parlent l'ont reconnu. Quand deux armées en viennent aux mains, il est d'usage que l'une au moins soit battue et, dans tous les cas, le mal accompli est grand, même du côté des vainqueurs. Au contraire, le Dieu des cultivateurs dont personne ne parle, sans doute parce que tout le monde le voit, le Dieu des cultivateurs, qui *donne la pâture aux petits des oiseaux* et, en général, aux petits et aux grands de toutes les espèces, donne aussi la victoire à tout le genre humain. C'est grâce à lui que l'homme tire sa subsistance de la terre que la sueur de son front serait impuissante à fertiliser ; c'est grâce à l'engrais que le Ciel distribue sur le globe, que la végétation des plantes se soutient et s'améliore.

Nous avons dit que la proportion des divers éléments nutritifs que l'air recèle n'est pas toujours en harmonie avec la somme des besoins de chaque végétal en particulier ; c'est-à-dire que les engrais atmosphériques, suffisants pour l'entretien des plantes spontanées, ne sont pas dispensés d'une manière assez large pour subvenir aux exigences d'une récolte forcée. Il en résulte que le premier moyen d'améliorer la terre, moyen essentiellement économique, lucratif même, consiste dans la propagation des plantes naturelles. Sur une exploitation, plus on augmentera le nombre des hectares mis en fourrages, plus la quantité d'hectares à fumer diminuera. Supposons deux fermes de 60 hectares chacune. Sur l'une, affermée à Jacques, il y a 15 hectares en fourrages, lesquels produiront l'engrais destiné aux 45 hectares restants, soit 1 hectare de culture améliorante pour 3 de culture épuisante. Au contraire, de l'autre côté il y a, entre les mains de Pierre, 30 hectares en fourrages ; la somme des engrais est plus forte du double, tandis que la surface à fumer diminue d'un tiers : soit 1 hectare de culture améliorante pour 1 hectare de culture épuisante. Aussi, tandis que Jacques tire le diable par la queue, suivant l'expression consacrée, Pierre s'enrichit.

Les cultivateurs sont loin de nier l'utilité des plantes fourragères, mais ils négligent trop souvent d'en tirer parti. Premièrement, ils ont trop de propension à cultiver les denrées destinées à prendre le chemin du marché, celles qui seront le plus rapidement converties en espèces. En second lieu, ils n'élèvent guère le bétail que dans la mesure des besoins de leur exploitation, les chevaux pour le travail et les vaches pour le lait. La plupart des fermiers se préoccupent avant tout, et pour ainsi dire uniquement, de faire du blé pour payer leurs redevances. Ils sèment du froment dans la plus grande étendue possible, en sorte que, venu dans de mauvaises conditions, il rend mal. La grande proportion de terres qu'ils consacrent au labourage laisse une trop faible quantité de champs pour les plantes fourragères. C'est en vain que le proverbe leur crie : « Si tu veux du blé, fais des prés » ; trop peu habitués à considérer l'élevage et l'engraissement du bétail comme une source de revenu, ils ne voient leur salut que dans la production du blé, ils cèdent fatalement à la tentation d'emblaver une grande étendue de terres.

Cependant, ce n'est pas tant la quantité des champs de blé que le rendement qui permettra de payer le loyer, cette tête de Méduse de tous les fermiers. Dans les terres de Pierre, l'hectare de blé rend 25 hectolitres ; Jacques n'en obtient que 15, ses frais de culture sont plus considérables et sa recette moins forte. En outre, Pierre vend annuellement des bestiaux pour quelques milliers de francs, tandis que le bétail de Jacques est peu nombreux et très-misérable.

Il ne nous suffit pas de dire que Pierre doit sa fortune aux fourrages ; il nous semble utile d'indiquer, à ceux qui voudraient abandonner la méthode de Jacques, quelques uns des procédés adoptés par l'heureux Pierre.

Il est bien entendu que Pierre cultive le trèfle ; mais, pour se ménager toutes les chances de réussite, pour éviter autant que possible l'effritement de la terre, il sème ensemble quatre espèces de trèfle : hybride, violet, blanc et jaune. Chacune de ces espèces s'empare des portions de terrain qui lui conviennent ; la végétation de ces diverses sortes donne un mélange dru de tiges fines parmi lesquelles les herbes parasites ne peuvent trouver place. La récolte est plus abondante et de meilleure qualité que ne l'eût été celle d'une seule espèce de trèfle ; les débris laissés dans le sol sont proportionnés à l'abondance de la récolte, et le blé qui vient ensuite, dans cette terre enrichie et nettoyée, est de première qualité. Pierre tient à la prospérité de ses trèfles pour deux raisons : d'abord et tout naturellement, pour avoir une belle récolte de fourrage, ce qui est le but primitif ; ensuite, pour obtenir consécutivement une magnifique récolte de blé. Il estime qu'un trèfle manqué est plus nuisible qu'avantageux au froment qui suivra.

Pierre ne se contente pas d'obtenir des trèfles superbes. Il a un grand faible pour la luzerne, cette merveille du ménage des champs, suivant l'heureuse expression d'Olivier de Serres. En conséquence, il crée des luzernières, et il en a beaucoup. Il prétend que la luzerne, d'ailleurs peu difficile sur le choix du terrain, ne redoute guère que les bains de pieds. Il la cultive avec succès dans les graviers et dans les argiles. Selon lui, l'essentiel est de la pousser vigoureusement au début, au moyen des engrais ; une fois qu'elle a pris possession du sol, elle se montre fort résistante, elle profite du peu qu'elle trouve dans le soussol et fait d'énormes emprunts à l'atmosphère.

Pierre répète souvent avec le proverbe que « l'eau fait l'herbe. » Il n'aime pas que l'eau séjourne dans les prés, il la trouve bien plus fertilisante lorsqu'elle coule doucement sur une surface légèrement inclinée. Aussi a-t-il fait beaucoup de prés en pente, depuis qu'il a lu dans son journal qu'en Angleterre on a constaté que l'eau qui avait servi à irriguer un pré avait perdu la moitié de son chlorure de sodium et de son bicarbonate de chaux. Il a recherché sur sa ferme toutes les terres susceptibles d'être arrosées par les eaux provenant des champs supérieurs, et il a obtenu, presque sans frais, d'excellentes prairies fertilisées par les débris que la pluie dérobe aux terres de ses voisins. Il a, de cette façon, agi plus sensément que la masse des cultivateurs qui se montrent tellement amoureux des prés qu'ils les achètent à tout prix, sur les ventes, mais qui ne savent pas les créer.

Pour résumer notre pensée, nous disons : 1° Que les fourrages reçoivent leur nourriture du Ciel ; qu'ils améliorent la terre sans frais, qu'ils forment donc la source de toute prospérité agricole. 2° Qu'il importe de favoriser par tous les moyens possibles l'accès de l'air dans le sol, ainsi que l'enseignent tous les ouvrages d'agriculture ; mais qu'il faut labourer avant les gelées les terres destinées aux récoltes d'été. Pour les terres fortes, c'est une prescription absolue.

3° Que les engrais de ferme sont assurément bons pour fumer les prés en couverture, mais qu'ils peuvent être utilisés d'une façon plus efficace et plus productive dans les terres cultivées. Que les fourrages, qui peuvent à la rigueur se passer d'engrais, profiteront merveilleusement de l'application des substances minérales, telles que cendres, suie, noir d'os, etc.

4° Que les sels minéraux sont loin de suffire pour faire produire au sol des récoltes épuisantes, à moins de faire succéder celles-ci à des fourrages de longue durée ou de les faire venir sur des défrichements.

5° Que l'eau pluviale est un engrais précieux dont on doit s'efforcer de s'emparer intégralement, soit par le drainage, qui l'empêche de se perdre dans les rigoles, soit par des irrigations destinées à alimenter des prés que l'on peut créer vers la limite de tous les terrains situés en pente.

Quand il sera passé dans les habitudes de l'agriculture de recueillir minutieusement toute espèce d'engrais ; lorsqu'on aura porté le drainage partout où il est nécessaire ; quand on aura irrigué toutes les terres en situation de recevoir des eaux ; enfin, le jour où tous les cultivateurs seront convaincus que l'air nourrit les fourrages et, par suite, arriveront à enherber la moitié de leurs terres, le moment ne sera pas éloigné où l'on verra se réaliser cette prédiction du VI° siècle :

Avant que vienne la fin du monde, la plus mauvaise terre produira le meilleur blé.

FIN

www.ingramcontent.com/pod-product-compliance
Lightning Source LLC
LaVergne TN
LVHW021805060726
842528LV00003B/1164